Aveuya Peter Terhemba
Simon Edoka Edache
Sachia Gwajime Victor

Parasitas intestinais associados às unhas de alunos em África:

Aveuya Peter Terhemba
Simon Edoka Edache
Sachia Gwajime Victor

Parasitas intestinais associados às unhas de alunos em África:

Um estudo sobre a prevalência e as implicações

ScienciaScripts

Imprint

Cover image: www.ingimage.com

This book is a translation from the original published under ISBN 978-620-4-74784-2.

Publisher:
Sciencia Scripts
is a trademark of
Dodo Books Indian Ocean Ltd. and OmniScriptum S.R.L publishing group

120 High Road, East Finchley, London, N2 9ED, United Kingdom
Str. Armeneasca 28/1, office 1, Chisinau MD-2012, Republic of Moldova, Europe
Managing Directors: Ieva Konstantinova, Victoria Ursu
info@omniscriptum.com

Printed at: see last page
ISBN: 978-620-8-62224-4

Parasitas Intestinais Associados às Unhas dos Alunos em África: Um Estudo sobre a Prevalência e as Implicações

Terhemba, Aveuya Peter
Universidade de Calabar, Calabar, Nigéria
gandepeter898@gmail.com
+234 903 642 9439

Edache Simon Edoka
Universidade Estatal de Benue, Makurdi, Nigéria
edachesimon2@gmail.com
+234 703 242 1095
&
Victor Sachia Gwajime
Universidade do Exército Nigeriano, Biu, Nigéria
+234 903 565 4120

Visão geral

Os parasitas intestinais, que incluem protozoários e helmintas, contribuem significativamente para a morbilidade e mortalidade no trato gastrointestinal humano. Este estudo teve como objetivo avaliar a prevalência de parasitas intestinais associados às unhas de alunos de duas escolas contrastantes em Calabar, Cross River State, Nigéria. Utilizando técnicas de esfregaço de sangue espesso e fino, juntamente com métodos de concentração de formal-éter para exame microscópico, foram analisadas 20 amostras. Os resultados indicaram que 11 (55%) das amostras estavam infectadas com parasitas intestinais. Os alunos do sexo feminino apresentaram taxas mais elevadas de Ascaris (85,71%) e Trichuris (66,67%), enquanto os alunos do sexo masculino apresentaram uma taxa de infeção de 100% para Entamoeba. Os resultados sugerem uma elevada prevalência de Ascaris em todos os grupos etários, com recomendações para melhores práticas de higiene entre as crianças, tais como evitar andar descalço, brincar no solo e lavar as mãos regularmente com sabão.

Palavras-chave: Parasitas Intestinais, Unhas, Prevalência, Práticas de Higiene, Alunos do Ensino Básico e Secundário.

CAPÍTULO UM

INTRODUÇÃO

1.1 Antecedentes do estudo

Os parasitas intestinais são grupos de protozoários e helmintas que residem no interior do trato gastrointestinal humano e causam uma vasta gama de morbilidade e mortalidade. O impacto das infecções parasitárias na saúde pública foi constantemente subestimado no passado (Crompton *et al.,2022).* No entanto, existe atualmente um consenso de que as doenças causadas por parasitas intestinais representam um importante problema de saúde pública, especialmente em crianças. Para além da morbilidade, os parasitas intestinais estão associados à subnutrição, ao atraso no crescimento e à debilidade física, o que, em última análise, resulta num fraco desempenho das crianças em idade escolar. A maior parte dos casos de morbilidade e mortalidade é causada pela amebíase, vulgarmente designada por disenteria amebiana, que ocorre nos países em desenvolvimento e subdesenvolvidos. Entre os protozoários, a Entamoeba histolytica infecta 500 milhões de indivíduos por ano, causando doenças em

50 milhões e, em última análise, resultando em 100 000 mortes (Karima *et al.*, 2020). Da mesma forma, a Giardia intestinalis, um agente causador frequente de diarreia, também pode resultar em má absorção em crianças e até mesmo em atraso de crescimento.

A causa comum de infecções parasitárias intestinais em crianças em idade escolar inclui brincar com o solo, ingestão de alimentos através da boca, o que ocorre quando as crianças tocam em alimentos, consciente ou inconscientemente, e depois colocam as mãos na boca, ou saneamento inadequado e falta de acesso a água potável (Adekunle *et al.*, 2015). As crianças são um grupo particularmente vulnerável às infecções parasitárias intestinais devido ao aumento da contaminação com o solo, à falta de higiene pessoal, à seleção incorrecta da área de natação, ao contacto com animais, à eliminação inadequada de resíduos e à falta de conhecimentos sobre as estratégias de prevenção e controlo. As crianças em idade escolar são as que mais sofrem de morbilidade devido a infecções parasitárias intestinais. Esta infeção parasitária provoca um crescimento atrofiado, fraqueza física e um fraco aproveitamento escolar. Indivíduos de todas as idades podem ser infectados pelo parasita em condições precárias de água e saneamento, mas as crianças pequenas são mais vulneráveis à infeção parasitária (Anwar *et al.,* 2015). Devido à presença da infeção parasitária, as crianças têm problemas de saúde física, mental e social, bem como um fraco desempenho profissional e perda de emprego.

Nos países subdesenvolvidos, as pessoas pobres são susceptíveis à reincidência de subnutrição e a infecções constantes, proeminentes para doenças mais do que necessárias que podem ser transferidas de geração em geração. Os agentes causadores de parasitas intestinais são responsáveis por doenças crónicas como a anemia por deficiência de ferro, deficiências vitamínicas, depleção de proteínas, problemas de saúde física e mental, atraso no crescimento das crianças, doenças diarreicas, ou até mesmo problemas cirúrgicos como a obstrução intestinal e o aumento da suscetibilidade a outras infecções, deficiência cognitiva e desnutrição (Goon *et al.,*2011).

Fig 1: A guerra global contra os parasitas intestinais As unhas como reservatório potencial de parasitas intestinais As unhas podem servir de reservatório para vários microrganismos, incluindo parasitas intestinais. As más práticas de higiene das mãos podem levar à acumulação de ovos ou quistos de parasitas sob as unhas, aumentando o risco de transmissão por contacto direto ou ingestão. Os parasitas intestinais aderem aos dedos, frutas, legumes, instrumentos, maçanetas de portas e dinheiro (Campbell *et al.,* 2014). Também podem ser transmitidos por moscas. No entanto, a sua aderência às unhas é a principal fonte de infeção. Assim, a presença de parasitas intestinais nas unhas é uma indicação de uma das vias de transmissão do parasita, é um indicador da presença de uma infeção ativa ou de uma fonte de infeção parasitária. É também uma indicação de má higiene pessoal associada a crianças de zonas rurais. Estas crianças representam uma fonte potente de transmissão para a comunidade em geral através da partilha de equipamento comum na escola, brincando umas com as outras e auto-inoculando-se através da mordedura e sucção dos dedos, comuns entre crianças desta idade (Bartram *et al.,* 2017). No entanto, os ciclos de vida dos nemátodos são complicados e estão intimamente relacionados com o modo de transmissão para o corpo humano.

Os parasitas intestinais provocam um atraso no crescimento, anemia devido à deficiência de ferro e problemas de saúde física e mental (Comité de Peritos da OMS, 2002). O protozoário parasita mais prevalente é a Giardia lamblia, também conhecida por *Giardia duodenalis/Giardia intestinalis.* Cerca de 200 milhões de pessoas sofrem de Giardíase em todo o mundo. O estatuto parasitário do Blastocystis hominus ainda está a ser debatido e é outro protozoário intestinal comum. Outros parasitas intestinais mais comuns são os helmintes transmitidos pelo solo (STHs), tais como Ascaris lumbricoides, Hookworms e Trichuris trichiura (Hwang et al., 2003). Cerca de mil milhões de pessoas estão infectadas em todo o mundo com Ascaris lumbricoides, que é o helminto mais comum e o maior. Estas infecções representam um encargo económico substancial. As principais vítimas dos parasitas intestinais são as crianças. 50% dos pacientes infectados com infecções parasitárias intestinais são crianças em idade escolar (Bakr *et al.,* 2012). Estes parasitas afectam a sua frequência escolar. A capacidade de aprendizagem, o desenvolvimento físico (Hwang *et al.,* 2003) e o estado nutricional do hospedeiro também podem ser afectados por infecções parasitárias intestinais.

Verifica-se uma elevada prevalência de parasitas intestinais nas pessoas com baixo estatuto socioeconómico, tais como áreas de habitação sobrelotadas, saneamento ambiental deficiente, eliminação inadequada de resíduos, fontes de água não seguras e hábitos pouco higiénicos (Haftu *et al.*, 2014). Todos estes factores causam um grave fardo de doenças e morte nos países em desenvolvimento. Como a prevalência e a intensidade das infecções parasitárias intestinais estão na fase de pico entre as crianças em idade escolar.

As infecções parasitárias intestinais podem provocar vómitos, diarreia, anorexia, dores abdominais e náuseas, que podem resultar na redução da ingestão de alimentos, reduzindo assim a disponibilidade de nutrientes e contribuindo para a subnutrição (Mengistu e Berhanu 2004), pelo que o governo e outras organizações não governamentais (ONG) envolvidas no desenvolvimento devem introduzir estratégias adequadas para a higiene pessoal e ambiental, especialmente para os habitantes das zonas rurais. Também é necessário desparasitar regularmente as crianças em idade escolar, especialmente as que vivem nas comunidades rurais. Devem também conceber políticas relevantes ou rever as já existentes, a fim de melhorar a situação, uma vez que a maior parte da população ainda vive em comunidades rurais.

1.2 Justificação

Sabe-se que as infecções por parasitas intestinais causam atrasos no crescimento, anemia, baixa capacidade cognitiva e diarreia, o que leva à ausência dos alunos nas escolas e a um baixo desempenho académico ou mesmo à morte, a prevalência em crianças que frequentam a escola primária na Nigéria (John Levy 2020). É necessário estabelecer os factores que influenciam a transmissão da IPI na área de estudo, o que permite a conceção adequada de estratégias de controlo eficazes baseadas na comunidade. Este estudo fornecerá informações de base sobre a prevalência de protozoários e helmintos intestinais comuns que podem ser utilizadas para o desenvolvimento de programas de controlo das Infecções Parasitárias Intestinais. O objetivo geral de tais programas de controlo é reduzir a morbilidade das IPIs para níveis em que estas infecções deixem de ter importância para a saúde pública.

1.3 Objetivo geral

Determinar a prevalência de parasitas intestinais nas unhas dos alunos de duas escolas primárias contrastantes do estado de Cross River, na Nigéria.

1.4 Objectivos específicos

- Comparar a prevalência de parasitas intestinais associados às unhas nas duas escolas primárias.
- Identificar os diferentes tipos de parasitas intestinais associados às unhas dos alunos e determinar o seu significado em relação às práticas de higiene nas duas escolas primárias.

1.4 Importância do estudo

A investigação sobre os parasitas intestinais associados às unhas dos alunos em África tem uma importância significativa por várias razões. Em primeiro lugar, as infecções parasitárias intestinais são prevalecentes em muitas regiões de África, particularmente entre as crianças em idade escolar. A identificação da presença de parasitas nas unhas pode destacar uma via de transmissão crítica, informando as estratégias de saúde pública destinadas a reduzir as taxas de infeção. Além disso, o estudo sublinha a importância das práticas de higiene pessoal, como a lavagem regular das mãos e o corte das unhas, que podem reduzir significativamente o risco de infeção. Este conhecimento pode levar a programas de educação para a saúde direcionados nas escolas, promovendo uma melhor higiene entre os alunos. Além disso, os resultados têm implicações políticas importantes, defendendo a melhoria das instalações de saneamento, iniciativas educativas e rastreios de saúde regulares para as crianças, especialmente em áreas com taxas de prevalência elevadas.

Do ponto de vista académico, esta investigação contribui ao preencher lacunas de conhecimento relativamente ao papel das unhas na transmissão do parasita, particularmente em regiões tropicais e subtropicais onde essas infecções são endémicas. Os resultados podem levar a novos estudos sobre a dinâmica da transmissão e a intervenções eficazes adaptadas aos contextos locais, incluindo estudos longitudinais para acompanhar as alterações ao longo do tempo ou estudos de intervenção para testar as práticas de higiene. Além disso, ao associar a contaminação das unhas a dados epidemiológicos mais amplos sobre parasitas intestinais, os investigadores podem melhorar a compreensão dos factores que influenciam a transmissão e as taxas de infeção entre populações vulneráveis.

As implicações políticas decorrentes deste estudo são substanciais. Podem ser desenvolvidas políticas que incentivem práticas regulares de higiene entre as crianças, realçando a importância de unhas limpas como medida preventiva contra infecções parasitárias. O investimento em infra-estruturas de saneamento - tais como casas de banho públicas e sistemas de abastecimento de água limpa - é crucial para reduzir a contaminação ambiental e melhorar os resultados gerais de saúde da comunidade. Além disso, a integração de programas de rastreio e tratamento de parasitas nas iniciativas de saúde escolar existentes pode melhorar a deteção precoce e a gestão das infecções entre os estudantes. De um modo geral, esta investigação não só destaca um problema urgente de saúde pública, como também oferece conhecimentos acionáveis que podem levar a melhores resultados de saúde para as crianças em África.

1.5 Definição dos termos

Parasita intestinal: Um parasita intestinal é um organismo que vive no trato gastrointestinal de um hospedeiro, nutrindo-se dele. Estes parasitas podem ser classificados em duas categorias principais: helmintos e protozoários. Os helmintos são vermes multicelulares, como as ténias, as lombrigas e os oxiúros, enquanto os protozoários são organismos unicelulares que se podem multiplicar no corpo do hospedeiro. Exemplos comuns de protozoários incluem Giardia e Cryptosporidium.

Infeção por Parasitas Intestinais: Uma infeção por parasitas intestinais ocorre quando estes parasitas invadem o trato gastrointestinal, levando a vários problemas de saúde. Os sintomas podem variar de um leve desconforto gastrointestinal a complicações graves, dependendo do tipo de parasita envolvido. As vias de transmissão incluem frequentemente a ingestão de alimentos ou água contaminados, o contacto fecal-oral e a absorção cutânea.

Helmintos: Os helmintas são vermes parasitas que habitam os intestinos. Incluem três tipos principais: nemátodos (vermes redondos), cestóides (ténias) e trematodos (vermes chatos). Embora os helmintes possam desenvolver-se no corpo humano, a maioria não consegue reproduzir-se aí; em vez disso, põem ovos que saem do corpo através das fezes.

Protozoários: Os protozoários são organismos unicelulares que podem causar infecções intestinais. Ao contrário dos helmintos, os protozoários podem reproduzir-se no corpo do hospedeiro. As infecções intestinais comuns por protozoários incluem a giardíase e a amebíase, que podem provocar diarreia e outros sintomas gastrointestinais.

Sintomas de infecções por parasitas intestinais: Os sintomas das infecções por parasitas intestinais variam, mas incluem frequentemente dor abdominal, diarreia, náuseas ou vómitos, gases ou inchaço, perda de peso inexplicável e fadiga. Em alguns casos, as infecções podem permanecer assintomáticas durante longos períodos.

CAPÍTULO DOIS

REVISÃO DA LITERATURA

As crianças em idade escolar com idades compreendidas entre os 5 e os 15 anos sofrem a taxa de infeção e a carga parasitária mais elevadas, que são atribuídas a um saneamento e higiene deficientes (Wong et al., 2007). Dos cerca de 181 milhões de crianças em idade escolar na África Subsariana (ASS), quase metade estão infectadas com ancilostomíase, ascaridíase, tricuríase ou alguma combinação destas infecções. Os efeitos adversos das Infecções Parasitárias Intestinais entre as crianças em idade escolar são diversos e alarmantes (Nkouayep et al., 2019). Entre os mais importantes estão o atraso no crescimento e a desnutrição, incluindo a anemia por deficiência de ferro, a fadiga e a diminuição da aptidão física, bem como a frequência escolar e o desempenho cognitivo prejudicados.

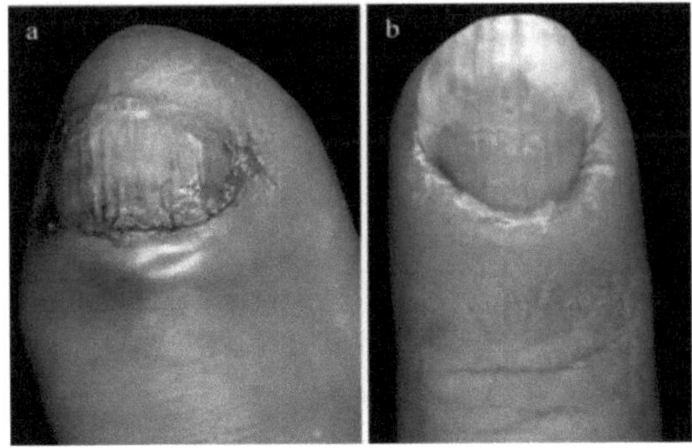

Fig. 3: Paroníquia aguda (A) e paroníquia crónica (B) (Dinulos, 2020).

De acordo com Hassan *et al.*, (2018) Participaram no estudo 312 alunos de duas escolas primárias da cidade de Rama, dos quais 146 (46,8%) eram do sexo feminino. A idade média dos participantes era de 11,13 anos, com uma idade que variava entre 6 e 19 anos. A maioria dos participantes no estudo, 298 (95,5%), residia na cidade, enquanto 14 (4,5%) estudantes eram residentes em aldeias rurais próximas. Por afiliação religiosa, 278 (89,1%) eram cristãos ortodoxos e os restantes eram muçulmanos. Mais de metade dos participantes no estudo (53,8%) vivia num agregado familiar composto por quatro ou cinco membros, com uma dimensão média de 4,87.

Estudos recentes de Chirdan *et al.*, (2010) indicam que mesmo os casos moderados de infeção podem ter efeitos adversos no crescimento, na deficiência de ferro, na anemia e nas funções cognitivas das crianças em idade escolar. As infestações helmínticas conduzem a deficiências nutricionais e a um desenvolvimento físico prejudicado, o que tem consequências negativas para a função cognitiva e a capacidade de aprendizagem Goncalves *et al.*, (2011). Além disso, a saúde materno-infantil e a produtividade dos trabalhadores também podem ser afectadas pelas infecções por helmintas transmitidas pelo solo (HTS).

Estudos realizados no Brasil por Guerrant *et al.* (2011) mostraram que a prevalência de infecções parasitárias intestinais entre as crianças era de 58,7, 66,6 e 22,2%, respetivamente. A prevalência de infeção parasitária intestinal entre as crianças no Quénia foi de 25,6%, sendo *a E. histolytica* (36,7%) a mais prevalente, e na Nigéria foi de 22,8%, sendo *a A. lumbricoides* (7,9%) a mais prevalente.

De acordo com estudos realizados por Sinnia *et al.*, (2020) na Etiópia, cerca de um terço das crianças em idade escolar estão infectadas por parasitas intestinais. Estudos efectuados em diferentes regiões do país revelaram uma elevada taxa de prevalência de parasitas intestinais: 83,8% numa zona rural perto do sudeste do Lago Langano e 82,4% na cidade de Zarima, situada no noroeste da Etiópia. Um estudo semelhante realizado entre crianças em idade escolar no sul da Etiópia por Mulu *et al.*, (2015) mostrou uma prevalência global de 83%. O parasita intestinal mais prevalente identificado foi o ancilóstomo (60,2%), seguido por Schistosoma mansoni (21,2%), Trichuris trichiura (14,7%), *Taenia 5pp.* (13,9%), *Entamoeba histolytica/dispar* (12,7%), *Ascaris lumbricoides* (6,2%) e *Giardia duodenalis* (6,2%).

Os parasitas intestinais são endémicos em várias partes da Etiópia e constituem um importante problema de saúde pública. A nível nacional, as infecções por parasitas intestinais estão frequentemente associadas a um baixo estatuto socioeconómico, a um saneamento pessoal e ambiental deficiente, à sobrelotação, à falta de abastecimento de água limpa e segura, ao clima tropical e à baixa altitude. A prevalência e a distribuição de várias espécies de parasitas intestinais diferem de região para região devido a vários factores ambientais, sociais, geográficos e comportamentais.

De acordo com Steinbaum *et al.*, (2016) Entre as 312 amostras recolhidas, 76 (24,4%) foram consideradas positivas para pelo menos um dos parasitas intestinais. Foram identificadas oito espécies de parasitas intestinais nas amostras de fezes. O parasita protozoário predominante foi a E. histolytica/dispar, que foi observada em 34 (10,9%) amostras, seguida da G. lamblia, encontrada em 14 (4,5%). Schistosoma mansoni foi o helminto mais comum identificado em 22 (7,4%) amostras, seguido por Ascaris lumbricoides 8 (2,6%) e espécies de ancilostomídeos 7 (2,2%). Uma amostra foi positiva para os óvulos de Trichuris trichiura. (A prevalência global de STH foi de 16%).

Numa investigação realizada por Suswam et al., (2013) a maioria dos casos positivos, 61 (19,6%), estavam infectados com um parasita mono-intestinal. Bi foram detectadas em 13 (4,2%) espécimes, ao passo que em 2 (2,6%) espécimes apenas foi detectada uma infeção triparasitária. Apenas um caso estava infetado com E. histolytica/dispar, G. lamblia e A. lumbricoides e o segundo com H. nana, E. histolytica/dispar e A. lumbricoides. De acordo com Adefioye *et al.*, (2021) os estudantes do sexo feminino apresentaram uma taxa global de infeção mais elevada (26,7%) do que os do sexo masculino (22,3%). No entanto, a diferença não foi estatisticamente significativa (valor de p >0,364). E. histolytica/dispar e G. lamblia foram relativamente mais prevalentes entre as mulheres, enquanto a infeção por S. mansoni mostrou preponderância nos participantes do sexo masculino. A prevalência de parasitas individuais não apresentou diferenças significativas entre os dois sexos, exceto H. nana, que era três vezes mais comum nas mulheres do que nos homens. A prevalência de infecções múltiplas entre os homens (4,2%) e as mulheres (5,5%) foi comparável.

Revisão empírica

Os estudos relacionados com os parasitas intestinais associados às unhas revelam conhecimentos significativos sobre a prevalência, as vias de transmissão e os factores de risco associados em várias populações em África.

Um estudo notável de Zewdneh Sahlemariam et al. (2018) examinou o conteúdo das unhas e amostras de fezes de manipuladores de alimentos em Jimma, na Etiópia. O objetivo era determinar o nível de contaminação das unhas com parasitas intestinais, utilizando uma metodologia de inquérito transversal. Os resultados indicaram que 10,9% das amostras eram positivas para parasitas, principalmente Ascaris lumbricoides e Entamoeba histolytica, destacando o potencial das unhas como uma via de transmissão para parasitas intestinais [1].

Noutro estudo realizado por Abubakar et al. (2017) na Nigéria, os investigadores investigaram os parasitas helmínticos associados às unhas de alunos do ensino primário no Estado de Katsina. O estudo envolveu 146 indivíduos e utilizou o exame microscópico direto de amostras de zaragatoas das unhas. Os resultados mostraram que 45,9% das amostras eram positivas para um ou mais parasitas, enfatizando a vulnerabilidade das crianças em idade escolar a infecções através de unhas contaminadas.

Um estudo de Teshome et al. (2019) centrou-se em manipuladores de alimentos na Universidade Wolaita Sodo, onde se verificou que as unhas não aparadas aumentavam significativamente as probabilidades de infecções parasitárias intestinais (IPIs). A investigação utilizou um desenho transversal com análise multivariada, revelando uma taxa de prevalência de 23,6% de IPIs entre os participantes. Este estudo sublinha a importância da higiene das unhas na prevenção de infecções.

Moses Nnaemeka Alo e colegas (2013) exploraram a prevalência de ovos de parasitas intestinais nas unhas de crianças em idade escolar em Ohaozara, na Nigéria. O seu objetivo era identificar fontes de infeção, e encontraram uma presença significativa de ovos de parasitas nas unhas das crianças, indicando uma via de transmissão crítica.

Outro estudo importante de Abebe et al. (2018) avaliou a contaminação bacteriana e parasitária entre os manipuladores de alimentos na Universidade Debre Markos, na Etiópia. O estudo envolveu 220 participantes e utilizou técnicas de exame microscópico e de cultura bacteriana. Os resultados revelaram que, embora a contaminação bacteriana fosse prevalente, também foram identificados parasitas intestinais, destacando o duplo risco representado por práticas de higiene deficientes.

Num contexto mais amplo, Usip e Ita (2017) discutiram os fatores socioeconómicos que contribuem para a transmissão de parasitas intestinais através de superfícies contaminadas, incluindo as unhas. Eles enfatizaram que condições sanitárias precárias aumentam significativamente as taxas de infeção entre populações vulneráveis.

Um estudo de base comunitária realizado em Kibera, no Quénia, centrou-se em crianças em idade pré-escolar com idades compreendidas entre os 2 e os 5 anos e descobriu que as infecções por helmintas e protozoários eram predominantes neste grupo etário. O estudo utilizou várias técnicas microscópicas para analisar amostras de fezes e identificou múltiplos factores de risco associados às infecções.

Além disso, a investigação sobre os vendedores de alimentos no passeio realçou o facto de as unhas poderem albergar parasitas devido a práticas de higiene inadequadas em ambientes de manuseamento de alimentos. Este facto reforça a necessidade de intervenções de saúde pública que visem a educação sobre higiene entre os vendedores de alimentos.

De um modo geral, estes estudos realçam coletivamente o papel crítico da contaminação das unhas na transmissão de parasitas intestinais em diferentes grupos demográficos em África. Destacam temas comuns como a falta de higiene pessoal, a falta de instalações sanitárias adequadas e os desafios socioeconómicos como contribuintes significativos para as taxas de infeção. Os resultados defendem programas de educação sanitária direcionados e melhores práticas de higiene para mitigar o risco de infecções parasitárias intestinais em populações vulneráveis.

CAPÍTULO TRÊS

MATERIAIS E MÉTODOS

3.1 Área de estudo

A zona governamental local de Calabar South está situada na cidade do estado de Cross Rivers. Está situada na latitude 040 58 'N e na longitude 080 25' E ao longo das planícies costeiras da Nigéria. É uma faixa de floresta tropical situada perto do Oceano Atlântico, com uma elevada precipitação anual de 144,09 mm. A maioria dos pais/encarregados de educação e dos habitantes são maioritariamente agricultores, comerciantes e funcionários públicos. A maioria dos edifícios residenciais da zona são complexos gerais com poucos bungalows e edifícios de andares. A maior parte das casas de banho são latrinas de fossa, com algumas cisternas de água. Na área, a água canalizada é rara, enquanto as fontes de água potável são principalmente água de furos comerciais para uso doméstico. Poucas pessoas que residem perto da margem do rio utilizam o ribeiro como fonte de abastecimento de água, uma vez que não têm dinheiro para comprar água todos os dias devido à elevada taxa de pobreza.

Existem vinte e três escolas primárias em Calabar Sul, Área do Governo Local, com uma população de 22500 alunos. Os alunos são oriundos de diferentes contextos sociológicos e económicos.

3.2 Apuramento ético

A aprovação do estudo foi obtida junto do Ministério da Saúde do Estado de Cross River, Calabar. Depois de a finalidade e o objetivo do estudo terem sido dados a conhecer ao diretor da escola. Foi obtido o consentimento verbal de cada participante no estudo; foi também obtido o consentimento escrito dos pais ou tutores de cada participante.

3.3 Locais de estudo/População

A população do estudo era de cerca de 100 alunos e duas das vinte e três escolas primárias foram selecionadas aleatoriamente para o estudo. Para efeitos de recrutamento de sujeitos para o estudo, foi selecionado um braço de cada turma das escolas, utilizando o mesmo método de tabela de números aleatórios. Assim, foram selecionados em cada escola 50 alunos com idades compreendidas entre os 5 e os 16 anos, de ambos os sexos.

3.4 Recolha de amostras

Cada aluno das duas escolas primárias recebeu um questionário simples baseado na escola primária e um recipiente transparente de boca larga (garrafa universal). Os recipientes e os questionários serão entregues a 100 alunos selecionados aleatoriamente nas duas escolas selecionadas. Os questionários serão distribuídos aos alunos para determinar o nome, a idade, o sexo, a profissão dos pais, o local de residência e a fonte de água potável, as instalações sanitárias e há quanto tempo são tratados com medicamentos anti-helmínticos. Pediu-se aos alunos que levassem os recipientes para casa e fornecessem amostras de fezes, após o que as unhas de todos os dedos dos participantes foram cortadas com um corta-unhas esterilizado (um corta-unhas por criança). Todas as unhas foram colocadas num recipiente rotulado que continha 5 ml de solução salina normal. As amostras foram transportadas para o laboratório para análise utilizando a técnica formal de concentração de éter.

3.5 Técnica de concentração de éter formal

Utilizando um bastão aplicador, foi utilizado 1 g de amostra de fezes para homogeneizar e emulsionar em 4 ml de solução salina formal a 10% contida num tubo. As fezes emulsionadas serão coadas para um tubo de centrifugação utilizando uma peneira fina de 1 mm. Em seguida, adicionam-se 4 ml de éter dietílico ao filtrado. O filtrado é misturado durante 1 minuto e centrifugado a 1000 g durante 1 minuto. Em seguida, utiliza-se um bastão aplicador para soltar os resíduos fecais em suspensão e decanta-se o sobrenadante. O fundo do tubo é batido para voltar a suspender e misturar o sedimento. Em seguida, o sedimento é transferido para uma lâmina de vidro limpa com uma pipeta Pasteur e é adicionada uma gota de solução de iodo lugol para colorir o parasita e facilitar a sua identificação. Colocar a lamela sobre a lâmina e examinar a lâmina ao microscópio, utilizando objectivas de x10 e x40 para detetar óvulos e larvas de helmintas.

Os recipientes que continham os pregos foram agitados vigorosamente para desalojar o material dos pregos. Em seguida, a suspensão foi transferida para novos tubos cónicos de 15 ml. Para garantir que todo o conteúdo é transferido, o recipiente original é lavado duas vezes com 5 ml de solução salina normal. Em seguida, o tubo de 15 ml é agitado vigorosamente e centrifugado a 2.500 g durante 3 minutos. Depois de descartar o sobrenadante, o sedimento foi transferido para uma lâmina de microscopia e examinado microscopicamente para detetar a presença de ovos/larvas de helmintos.

3.6 Análise de dados

Para a análise dos dados foi utilizado o programa SPSS Windows versão 23. Serão efectuados testes estatísticos descritivos e inferenciais. A significância das diferenças na distribuição de frequências será testada através da análise do qui-quadrado. Os valores de p inferiores a 0,05 foram considerados estatisticamente significativos.

CAPÍTULO QUATRO

RESULTADO

Tabela 1. Prevalência de indivíduos com os vários parasitas com base no género

Gender	**No. examined**	**No infected**				
			Ascaris	Trichuris	Hookworm	Entamoeba
Male	9	4	1(14.29%)	1(33.33%)	3(75%)	1(100%)
Female	11	7	6(85.71%)	2(66.67%)	1(25%)	0
Total	**20**	**11**	**7(63.64%)**	**3(27.27%)**	**4(36.36%)**	**1(9.09%)**

p-valor=0,137, qui-quadrado=5,526 isto mostra que o sexo feminino tinha 85,71%

Ascaris ,66,67% *Trichuris,* 25% Ancilostomídeos e 0% de *Entamoeba* enquanto que os homens tinham 14,29% de Ascaris ,33,33% *Trichuris,* 75% Ancilostomídeos e 100%

Entamoeba.

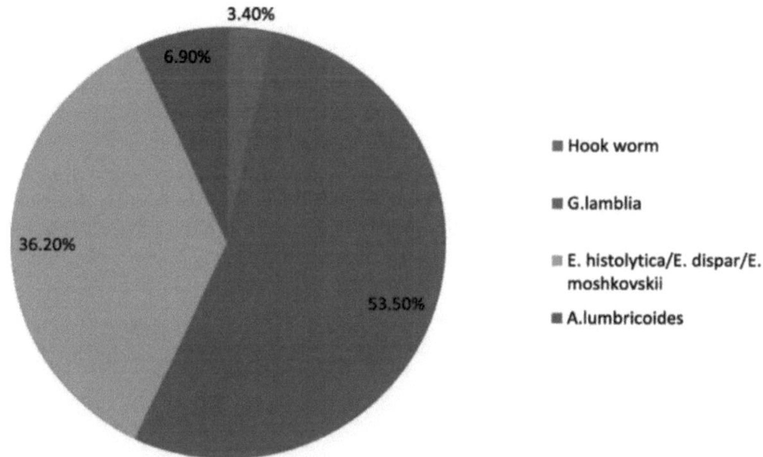

Fig 2: Tipos de parasitas intestinais entre as crianças com menos de cinco anos que frequentam os serviços de saúde

Tabela 2. Prevalência de indivíduos com os vários parasitas com base na faixa etária

Age group	No. examined	No infected	Ascaris	Trichuris	Hookworm	Entamoeba
3-6	7	4	3(37.5%)	1(33.33%)	1(25%)	1(100%)
7-10	8	4	3(37.5%)	1(33.33)	1(25%)	0
>11	5	3	2(25%)	1(33.33%)	2(50%)	0
Total	**20**	**11**	**8(72.7%)**	**3(27.3%)**	**4(36.4%)**	**1(9.09%)**

p-value=0.905, chi-square=0.563

A tabela dois mostra a prevalência do parasita intestinal com base no grupo etário. *Aówmobserved* foi 37,5% no grupo etário 3-6 e 7-9, enquanto 25% no grupo etário 11 e acima. *O Trichuris* teve 33,33% em todos os grupos etários. O ancilóstomo observado foi de 25% em ambos os grupos etários 3-6 e 7-10. *A Entamoeba* observada foi de 100% no grupo etário 3-6 e 0% em ambos os grupos etários 7-10 e 11 anos e acima.

Tabela 3. Distribuição dos indivíduos de acordo com esses factores

Do you pick your fingernails		Yes	No	
	Male	6	4	p-Value=0.653
	Female	5	5	
Do you wash your hands before eating?				
	male	10	0	
	female	10	0	
Do you wash your hands with soap after toilet?				
	Male	10	0	
	Female	10	0	

A Tabela 3 mostra a distribuição dos indivíduos com base em alguns factores: se arrancas as unhas, 6 homens que sim e 4 responderam que não, e 5 mulheres responderam que sim e 5 mulheres responderam que não. Lavas as mãos com sabão depois de ir à casa de banho? 10 respostas para o sexo masculino, 10 para o sexo feminino e 0 respostas para Não em ambos os sexos.

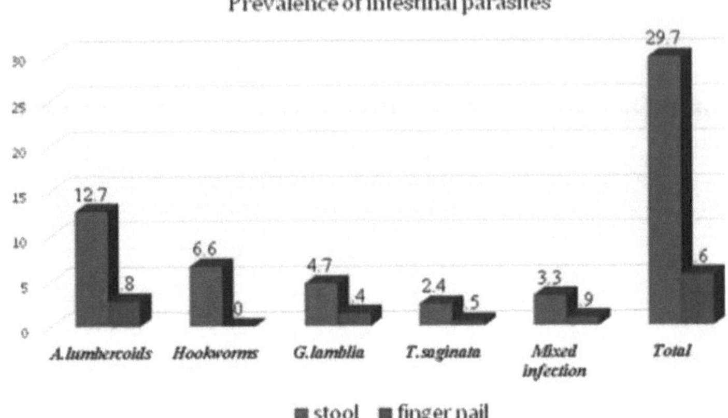

Fig. 4: Tipo e prevalência de parasitas intestinais isolados de fezes e esfregaços de unhas de manipuladores de alimentos nas áreas de estudo.

CAPÍTULO CINCO

DISCUSSÃO CONCLUSÃO E RECOMENDAÇÃO

5.1 Discussão

Estes resultados mostram uma maior prevalência de infecções parasitárias nas mulheres (63,64%) em comparação com os homens (44,4%), mas a diferença não é estatisticamente significativa (p = 0,137). Estudos semelhantes encontraram diferenças relacionadas com o género nas infecções parasitárias, frequentemente associadas a factores comportamentais, biológicos e ambientais. Por exemplo, Brooker *et al.*, (2006) descobriram que os homens e as mulheres tinham diferentes níveis de exposição a infecções parasitárias devido a diferentes papéis ocupacionais, com os homens a terem normalmente uma maior exposição a helmintas transmitidos pelo solo em algumas comunidades. No entanto, nem sempre é este o caso, uma vez que a prevalência feminina pode ser mais elevada devido a diferentes práticas de saneamento e higiene. Ngui *et al.*, (2011) relataram uma maior prevalência de parasitas entre as mulheres na Malásia, que foi atribuída a factores como as responsabilidades domésticas que envolvem o contacto com água e alimentos contaminados, apoiando este estudo, embora a falta de significância estatística sugira que o género por si só pode não ser o principal fator determinante.

Os resultados sugerem que a prevalência de infecções parasitárias diminui com o aumento da idade, embora as diferenças não sejam estatisticamente significativas (p = 0,905). As crianças mais novas (3-6 anos) registaram a prevalência mais elevada (57,14%) e as crianças mais velhas (11+ anos) registaram a prevalência mais baixa (40%). Bethony *et al.*, (2006) observaram que as crianças mais novas são mais vulneráveis a infecções parasitárias devido a sistemas imunitários menos desenvolvidos e a práticas de higiene deficientes. Da mesma forma, Holland (2017) discutiu como as crianças em idade escolar, particularmente as de 5 a 10 anos, são mais susceptíveis a helmintos transmitidos pelo solo, o que se correlaciona com a elevada prevalência de Ascaris nos grupos etários de 3 a 6 e 7 a 10 anos neste estudo. (2014), onde a idade teve um efeito significativo na prevalência de parasitas intestinais, com as crianças mais velhas e os adultos a apresentarem taxas de infeção mais elevadas devido à exposição repetida e à acumulação de infecções parasitárias ao longo do tempo.

A prevalência do ato de roer as unhas foi bastante semelhante entre o sexo masculino (60%) e o sexo feminino (50%). Com um valor de p de 0,653, este comportamento não apresenta uma diferença de género estatisticamente significativa. O ato de roer as unhas é um comportamento importante a ser monitorado em estudos de infeção parasitária, pois está associado ao aumento do risco de infecções transmitidas pelo solo, principalmente se os indivíduos não lavam as mãos regularmente após a exposição a solo contaminado ou matéria fecal. No entanto, neste caso, não parece ser um fator de distinção importante entre os sexos. Alemu *et al.*, (2011) descobriram que os indivíduos com má higiene das mãos e os que roem ou arrancam as unhas corriam um risco significativamente mais elevado de contrair infecções helmínticas. Tanto a lavagem das mãos antes das refeições como após a utilização da casa de banho revelaram uma adesão perfeita entre os participantes. Este resultado contrasta com outros estudos em que a falta de higiene das mãos tem sido um fator de risco importante para as infecções parasitárias. Por exemplo, Curtis & Cairncross (2003) mostraram que a lavagem das mãos com sabão pode reduzir a doença diarreica e a transmissão de parasitas intestinais até 47%. A elevada adesão neste estudo pode sugerir que a comunidade tem uma educação sanitária eficaz ou normas culturais fortes em torno da higiene. No entanto, estudos como o de Omorodion *et al.* (2020), que se centraram nas populações rurais e periurbanas da Nigéria, registaram taxas de adesão à lavagem das mãos muito mais baixas, especialmente nas crianças, devido à falta de acesso a água limpa e sabão.

5.2 Conclusão

O estudo não revela diferenças estatisticamente significativas nas taxas de infeção parasitária com base no género ou no grupo etário. No entanto, as mulheres e as crianças mais novas parecem ser mais afectadas por parasitas, especificamente *Ascaris, Trichuris* e Ancilostomídeos. A ausência de significância estatística pode dever-se à pequena dimensão da amostra. São necessários mais estudos com amostras maiores e maior controlo dos factores de confusão para confirmar estas tendências. Não existe uma diferença significativa entre os géneros no comportamento de roer as unhas (p = 0,653), mas este comportamento pode ainda representar um risco de infecções parasitárias, tal como observado noutros estudos. O cumprimento perfeito da lavagem das mãos antes de comer e depois de ir à casa de banho sugere excelentes práticas de higiene nesta população.

5.3 Recomendação

O resultado deste estudo mostra que há uma necessidade urgente de providenciar e melhorar as instalações sanitárias para as crianças. As crianças devem evitar andar descalças, brincar com a terra e esforçar-se por lavar as mãos corretamente/regularmente com sabão depois de brincar, antes de comer, depois de visitar a casa de banho, etc. O estudo também recomenda uma abordagem completa e integrada por parte do Governo e das Organizações Não-Governamentais para envolver ativamente as suas agências relevantes na disponibilização de trabalhadores de saúde adequados para iniciar a administração em massa de medicamentos desparasitantes, a educação sanitária e a sensibilização.

REFERÊNCIAS

Abossie, A., & Seid, M. (2014). Prevalência de parasitas intestinais e factores de risco associados entre estudantes no sudoeste da Etiópia. Jornal de Pesquisa Parasitológica, 2014, 1-8.

Abossie, A., & Seid, M. (2014). Prevalência de parasitas intestinais e factores de risco associados entre estudantes no sudoeste da Etiópia. Jornal de Pesquisa Parasitológica, 2014, 1-8.

Adefioye O, Efunshile A, Ojurongbe O, Bolaji O, Adeyeba A. (2021). Helmintíase intestinal entre crianças em idade escolar no estado de Ilie Osun, Serra Leoa Journal of Biomedical Research.;3(1):36-42.

Adekunle L. Intestinal Parasites and Nutritional Status of Nigerian Children (Parasitas intestinais e estado nutricional das crianças nigerianas). Revista Africana de Investigação Biomédica. 2015;4(5):115-119.

Alemu, A., Atnafu, A., Addis, Z., Shiferaw, Y., Teklu, T., Mathewos, B., & Birhan, W. (2011). Infecções por helmintos transmitidos pelo solo e schistosoma mansoni entre crianças em idade escolar na cidade de Zarima, Noroeste da Etiópia. BMC Infectious Diseases, 11(1), 189.

Anwar Y, Doni G., Gürses Z. e Fadile Y, (2015) Prevalência e factores de risco associados de parasitas intestinais em crianças de trabalhadores agrícolas na região sudeste da Anatólia, na Turquia. Ann Agric Environ Med.22(3):438-44

Bakr. C. Narayan, e R. Sharma, 2012 "Prevalence of intestinal parasitosis among school children in baglung District of western Nepal," Kathmandu University Medical Journal, vol. 37, no. 1, pp. 3-6,.

Bartram J, Cairncross S. (2017) Hygiene, sanitation, and water: Fundamentos esquecidos da saúde. PLoS Med. ; 7 (11): e1000367. doi: 10.1371/journal.pmed.

Bethony, J., Brooker, S., Albonico, M., et al. (2006). Infecções por helmintos transmitidas pelo solo: ascaridíase, tricuríase e ancilostomíase. The Lancet, 367(9521), 1521-1532.

Bethony, J., Brooker, S., Albonico, M., et al. (2006). Infecções por helmintos transmitidas pelo solo: ascaridíase, tricuríase e ancilostomíase. The Lancet, 367(9521), 1521-1532.

Brooker, S., Hotez, P.J., & Bundy, D.A.P. (2006). Anemia relacionada com ancilostomíase em mulheres grávidas: A systematic review. PLoS Neglected Tropical Diseases, 2(9), e291.

Brooker, S., Hotez, P.J., & Bundy, D.A.P. (2006). Anemia relacionada com ancilostomíase em mulheres grávidas: A systematic review. PLoS Neglected Tropical Diseases, 2(9), e291.

Campbell SJ, Savage GB, Gray DJ, Atkinson JM, Soares RJ, Nery SV (2014) Água, saneamento e higiene (WASH): Um componente crítico para o controlo sustentável dos helmintos transmitidos pelo solo e da esquistossomose. PLoS Negl Trop Dis. 8 (4): e2651. doi: 10.1371/journal.pntd.000265.

Chirdan O, Akosu J, Adah S (2010). Parasitas intestinais em crianças que frequentam creches em Jos, Nigéria Central. Níger. J. Med. 19(2):219-222.

Crompton D, Nesheim M. Nutritional Impact of Intestinal Helminthiasis during the Human Life Cycle (Impacto nutricional da helmintíase intestinal durante o ciclo de vida humano). Revisão Anual de Nutrição. 2022 2(2):55-59.

Curtis, V., & Cairncross, S. (2003). Effect of washing hands with soap on diarrhoea risk in the community (Efeito de lavar as mãos com sabão no risco de diarreia na comunidade): A systematic review. The Lancet Infectious Diseases, 3(5), 275-281.

Elsevier.Ngui, R., Lim, Y A. L., Chong Kin, L., Sek Chuen, C., & Jaffar, S. (2011). Associação entre o estatuto socioeconómico e a helmintíase transmitida pelo solo em crianças de favelas urbanas na Malásia. PLOS Neglected Tropical Diseases, 5(4), e1041.

Elsevier.Ngui, R., Lim, Y A. L., Chong Kin, L., Sek Chuen, C., & Jaffar, S. (2011). Associação entre o estatuto socioeconómico e a helmintíase transmitida pelo solo em crianças de favelas urbanas na Malásia. PLOS Neglected Tropical Diseases, 5(4), e1041.

Goncalves R, Belizário T, Pimentel B, Penatti A, Pedros, S, (2011). Prevalência de parasitos intestinais em pré-escolares da região de Uberlândia, Estado de Minas Gerais, Brasil. Rev. Sociedade Bras. Med. Trop. 44(2):191-193.

Goon D, Toriola A, Shaw B, Amusa L, Monyeki M, Akinyemi O. (2011) Anthropometrically Determined Nutritional Status of Urban Primary School children in Makurdi, Nigeria. Ministério da Saúde Pública do Estado de Benue; 11(1):769.

Guerrant RL, Walker DH, Weller P (2011). Doenças infecciosas tropicais: princípios, agentes patogénicos e prática. Elsevier Health Sci. 2:1341.

Haftu, N. Deyessa, and E. Agedew (2014) Prevalence and de terminant factors of intestinal parasites among school children in Arba minch town, southern Ethiopia," American Journal of Health Research, vol. 2, no. 5, pp. 247-254.

Hassan AA, Oyebamiji DA. Intensidade dos helmintos transmitidos pelo solo em relação ao perfil do solo em escolas públicas selecionadas na metrópole de ibadan. Biom Biostat Int J. 2018; 7 (5): 413-417. doi:

10.15406/bbij.2018.07.00239

Holanda, C. V. (2017). Nematóides intestinais de humanos. Em Avanços em Parasitologia (Vol. 97, pp. 109-193).

Holanda, C. V. (2017). Nematóides intestinais de humanos. Em Avanços em Parasitologia (Vol. 97, pp. 109-193).

Hwang M, Montresor A, Crompton DW, Savioli L. (2006) Intervention for the control of soil-transmitted helminthiasis in the community. Adv Parasitol; 61:311-48. doi: 10.1016/S0065-308X(05)61008

John Levy, 2020 "Epidemiological survey of intestinal parasitic infections in children of Sabah, Malaysia," Community Medi cine, vol. 10, pp. 240-249,

Karima, B. Zartashia, S. Khwaja, A. Akhter, A. A. Raza e S. Parveen Prevalência e fatores de risco associados às Infecções Parasitárias Intestinais (IPIs) humanas em áreas rurais e urbanas de Quetta, Paquistão IPIs Brazilian journal of biology

Khaled, A. Abd, E. Mohammad et al., "(e prevalência e factores de risco associados de infecções parasitárias intestinais entre crianças em idade escolar que vivem em comunidades rurais e urbanas na província de Damietta," Egypt Academia Arena, vol. 4, no. 5, pp. 90-97, 2012.

Mengistu e E. Berhanu, (2004) Prevalence of intestinal para sites among schoolchildren in a rural area close to the southeast of Lake Langano, Ethiopia, "Ethiopian Journal of Health Development, vol. 18, no. 2, pp. 116120,

Mulu, D. Tadesse e T Zewdneh (2015) "Prevalence of in testinal parasites and associated risk factors in schoolchildren of Aksum town, northern Ethiopia," Ata Parasitologica Globalis, vol. 6, no. 1, pp. 4248.

Nkouayep VR, Ngatou Tchakounté B, Wabo Poné J. Perfil dos ovos de geo-helmintos, quistos e oocistos de protozoários que contaminam os solos de dez escolas primárias de

Omorodion, O., Adesiji, Y, & Omoniwa, A. (2020). Práticas de higiene entre residentes rurais e periurbanos no Estado de Ekiti, Nigéria. Jornal Internacional de Higiene e Saúde Ambiental, 225, 113473.

Sinniah B, Sabaridah I, Soe M, Sabitha P, Awang I, Ong G,

Hassan A (2012). Determinação da prevalência de parasitas intestinais em três comunidades Orang Asli (Aborígenes) em Perak, Malásia. Trop. Biomed. 29(2):200-206.

Steinbaum L, Njenga SM, Kihara J, Boehm AB, Davis J, Null C, (2016). Os ovos de helmintos transmitidos pelo solo estão presentes no solo em vários locais dentro das famílias na zona rural do Quénia. PLoS One. 11 (6): e0157780. doi: 10.1371/journal.pone.0157780.

Suswam E, Ogbogu V, Umoh J, Ogunus R, Folaranmi D. (2013). Parasitas intestinais entre crianças em idade escolar na área de governo local de Soba e Igabi do estado de Kaduna, Nigéria. Jornal Nigeriano de Parasitologia. 1(3):39-42.

Wong B, Srijan A, Serichantalergs O, Fukuda CD, McDaniel P, Bodhidatta L, Mason CJ (2007). Infecções parasitárias intestinais entre crianças em idade pré-escolar

crianças em Sangkhlaburi, Tailândia. Am. J. Trop. Med. Hyg.

76(2):345-350.

Índice

Printed by Books on Demand GmbH, Norderstedt / Germany